KB200635

머리말

수학 용어, 왜 알아야 할까요?

"삼각형(△)의 밑변은 어디일까요?" 이 질문에 대부분은 아랫변을 가리킬 거예요. 만약 삼각형을 비스듬히 (◁) 놓는다면 여기에서의 밑변은 어디일까요? 많은 아이들이 밑변이 없다고 생각하거나 헷갈려 할 거예요. 이는 삼각형의 '밑변'이라는 용어의 뜻을 정확히 알지 못해서랍니다. 밑변의 '밑'은 '아래'가 아닌, '기준'을 뜻해요. 즉, 밑변은 윗변이 될 수 있고, 아랫변이 될 수 있지요. 이처럼 용어의 뜻을 모르고, 개념을 이해하지 못하는 상태에서 학년이 올라간다면 수학은 점점 더 어렵게 느껴질 거예요. 수학은 모든 학문의 기초가 되는 것으로 생각하는 힘, 논리적 사고력의 기본이 됩니다. 그렇기에 수학은 기초를 단단히 다지는 것이 중요해요. 기초를 탄탄하게 하기 위해서는 수학 용어를 막연히 알기보다는 정확히 이해하는 것이 필요합니다.

<수학도둑 수학용어사전>은 초등학교 수학 교육에서 다루는 수학 용어들을 적절한 상황 속에서 알기 쉽고 재미있게 만화로 설명해 주고 있습니다.
이 책을 읽다 보면 알쏭달쏭했던 수학 용어의 개념이 정확하게 이해되고, 이를 바탕으로 여러분의 수학적 추론 능력과 창의적 문제해결력이 쑥쑥 자라날 것입니다.

감수 이강숙 (서울 탑동초등학교 교사)

이 책의 특징

또 하나의 수학 공부 길잡이 <수학도둑 수학 용어 사전>!

국내 NO.1 수학 학습 만화 〈코믹 메이플스토리 수학도둑〉의 기획진이 선보이는 수학 학습 만화입니다. 수학 용어 뜻과 실제 활용을 흥미진진한 스토리텔링 만화로 소개하여 수학을 공부하는 데 좋은 길잡이가 되어 줍니다.

초등 수학 교과 속 용어 완벽 수록!

수학 공부를 하다가, 또는 생활 속에서 문뜩 뜻을 잘 모르는 수학 용어를 만난 적이 있지요? 수학 용어를 제대로 이해하지 못하면, 수학이 어렵게 느껴지고 학년이 올라갈수록 수학을 포기하는 경우도 생긴답니다.

〈수학도둑 수학용어사전〉은 초등 수학 5개 영역 속의 수학 용어 300개 이상을 소개하고 있어서 용어의 이해와 함께 수학 실력을 쑥쑥 올릴 수 있어요.
이 책은 1학년부터 6학년까지, 1~10권으로 난이도에 따라 수학 용어를 구성하여 재미있는 만화로 알기 쉽게 설명해 준답니다. 이렇게 총 10권을 읽으면 300개 이상의 수학 용어를 정확하게 이해할 수 있게 될 거예요.
〈수학도둑 수학용어사전〉으로 기초부터 완성까지 한 번에 해결하세요!

〈수학도둑 수학용어사전〉 시리즈 구성

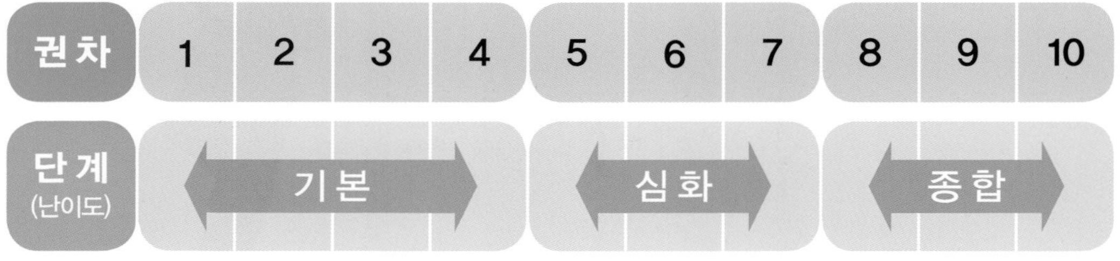

권차	1	2	3	4	5	6	7	8	9	10
단계 (난이도)	기본				심화			종합		

<수학도둑 수학 용어 사전>만의 수학 용어 정복 비결!

1단계 수학 학습 만화

수학 용어를 주제로 한
흥미진진한 만화를 통해 재밌고
자연스럽게 수학을 익혀요.

2단계 수학 용어 정리

새로운 용어, 한 번 더 알고
넘어 가면 좋은 용어를
정리하면서 수학 용어를
습득해요.

3단계 펀펀 수학 퀴즈

OX 퀴즈, 괄호 퀴즈를 통해
책에서 익힌 수학 용어를
복습하고, 수학 자신감을 길러요.

4단계 수학 용어 카드

내가 만드는 수학 용어 카드

책 속 핵심 수학 용어를 정리한
미니 카드를 모아 나만의
수학 용어 사전을 만들어 보세요.

등장인물

도도 제우스

신들의 세계 〈올림포스〉를 다스리는 제왕.
올림포스 최고의 검객이라고 불린다.
짝사랑 중인 슈미와 친해지기 위해서
그 무엇도 마다하지 않는다.

슈미 에우로페

〈올림포스 궁전〉의 요리사.
요리하러 갔다가 수학 선생님이 되었다.
도도의 관심이 처음에는 귀찮았지만
지금은 그리 싫지만은 않은 그녀이다.

요리할 땐 셰프 모자!

아루루 아폴론

〈올림포스〉 12신 중 태양의 신.
올림포스 최고의 주먹왕으로 불린다.
장난기가 많아 가끔 친구들을 골리지만
자기 꾀에 자기가 당하기도 한다.

주카 아르테미스

〈올림포스〉 12신 중 사냥의 여신.
슈미를 궁전으로 불러들인 전단지 주인.
수학을 배우기 시작하면서 가장
적극적으로 공부하고 있다.

바우 아프로디테

〈올림포스〉 12신 중 미의 여신.
먹는 것에서는 우주 제일이다.
순수하다 못해 흰 도화지 같은 그녀의
모습은 슈미의 한숨을 부른다.

델리키 헤파이스토스

〈올림포스〉 12신 중 대장장이의 신.
도구면 도구, 로봇이면 로봇 등
만들지 못하는 것이 없다. 영리하지만
바우 앞에서는 늘 바보가 된다.

카이린 아테나

〈올림포스〉 12신 중 전쟁의 여신.
올림포스 최고의 총잡이라고 불린다.
몬스터 앞에서는 누구보다 과격하지만
수학을 배울 때는 얌전한 학생이다.

차례

특별 부록

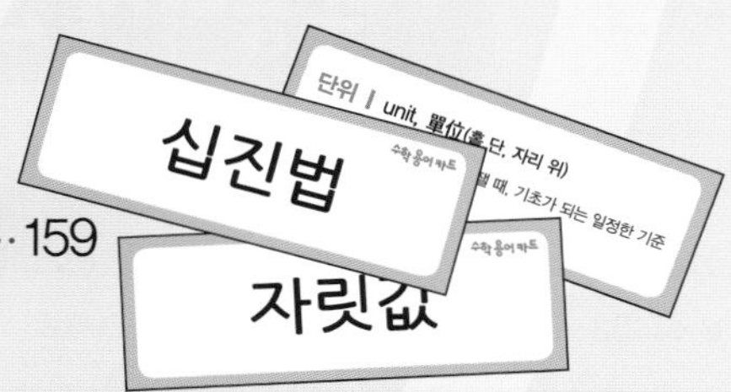

지난 이야기

요리사 지망생, 슈미 에우로페는 〈올림포스 궁전〉 요리사 모집 전단지를 보게 된다. 간절히 기도하니 들려온 합격 소식!

들뜬 그녀를 기다리고 있는 것은 '수'를 전혀 모르는 6인의 신들,

도도 제우스, 아루루 아폴론, 바우 아프로디테,

델리키 헤파이스토스, 주카 아르테미스,

카이린 아테나.

슈미는 도도의 설득 끝에 올림포스 궁전의 요리사이자

신들의 수학 선생님이 된다.

신들은 수학을 배우기 시작하면서 생활 속에 있는 것들이 모두 수학과

관련이 있다는 것을 조금씩 깨닫게 되는데….

MapleStory 수학도둑 수학 용어사전 2

• **1판 1쇄 인쇄** | 2019년 10월 10일 • **1판 1쇄 발행** | 2019년 10월 18일 • **글** | 동암 송도수 • **그림** | 현보 양선모 • **감수** | 이강숙 • **발행인** | 신상철 • **편집인** | 최원영 • **편집장** | 최영미 • **편집** | 조문정 • **표지 및 본문 디자인** | 이명헌 • **출판 마케팅** | 홍성현, 이동남 • **제작** | 이수행, 주진만 • **발행처** | 서울문화사 • **등록일** | 1988. 2. 16. • **등록번호** | 제2-484 • **주소** | 140-737 서울특별시 용산구 새창로 221-19 • **전화** | (02)791-0754(판매) (02)799-9179(편집) • **팩스** | (02)749-4079(판매) • **출력** | 덕일인쇄사 • **인쇄처** | 에스엠그린 **ISBN** 979-11-6438-141-8, 979-11-6438-114-2(세트)

1화

9보다 1 큰 수

주제어 10(십)

일 이 삼 사 오
육 칠 팔 구!

하나 둘 셋 넷 다섯
여섯 일곱 여덟 아홉!

1 2 3 4 5 6 7 8 9

이 정도야
기본이지.

잘하셨어요.
제가 문제 하나
낼게요.

문제는 무슨…
다 안다니까!

우리 이만하면
수학은
마스터한 것
아니냐?

더 이상 배울 게
없는 것 같아.

9보다 1 큰 수가
뭘까요?

1 2 3 4 5 6 7 8 9

9보다
더 큰 수가 있어?
콰광
9가 제일
큰 수 아니야?

타닥
타닥

바로
이거예요.
척
8910
십 또는
열이라고
읽어요.

9보다 1 크면,
8보다 2 크다는
얘긴데….
7보다
3 크고….
충격적인 수다!
덜
덜
덜

펀펀
OX퀴즈 1

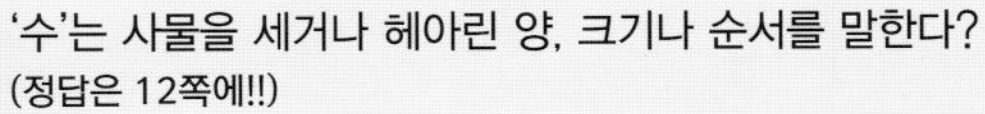
'수'는 사물을 세거나 헤아린 양, 크기나 순서를 말한다?
(정답은 12쪽에!!)

정답 O ('수'는 사물을 세거나 헤아린 양, 크기나 순서를 말하며 이러한 수를 나타낸 기호가 '숫자'입니다.)

너무 깊이
들어가는 것 아니야?

못하면 오늘 점심은
버섯 수프만
드릴 거예요.

솥뚜껑을
지배하는 자가
신들을
지배하는구나.

반복하여 연습한 끝에…
중얼
중얼
중얼
중얼
123456789

십 구 팔 칠 육
오 사 삼 이 일!
열 아홉 여덟
일곱 여섯 다섯
넷 셋 둘 하나!

와아~,
잘하셨어요!
우리
해낸 거야?
그런 거야!

뉴스룸

*굶주린
로봇달팽이들이
숲을 먹어 치우고
있다고 합니다.

*굶주린 : 먹을 것이 없어서 모자르게 먹거나 먹지 못한 상태.

2화 달팽이가 몇 마리?

주제어 ▶ 묶음, 십몇

십진법 0~9까지 숫자를 사용해서 수를 나타내며, 한 자리씩 올라갈 때마다 자릿값이 10배씩 커지도록 수를 표현하는 방법이에요.

잡아!

후다닥!!

십진법은 0부터 (   )까지의 숫자를 사용해서 나타내.

(정답은 18쪽에!!)

정답 9 (십진법은 0부터 9까지의 숫자를 사용하며, 우리가 흔히 사용하는 셈법입니다.)

모두
15마리야.
아닌데, 14마리
같은데…?
내가 볼 때는
16마리….

정확하게
세어 볼까요?
이 안에
달팽이 10마리를
넣어 주세요.
척

이제 뚜껑을
닫으세요.
탁

친절한 슈미쌤

묶음 한데 모아서 묶어 놓은 덩이 또는 이렇게 묶어 놓은 것을 세는 단위를 뜻해요.

3화 자리를 우습게 보지 마라!

주제어 자릿값, 몇십몇

자릿값 숫자가 놓인 자리가 갖는 크기로, 수의 각 자리마다 값이 다르며 똑같은 숫자여도 자리가 다르면 그 값도 달라져요.

이번엔
빨간 달팽이다!
처억

잡아!
타 타 타닥

빨간 달팽이
10마리 묶음 2상자….
그리고
3마리 남았어.

이것도
수로 표현해
보시겠어요?
좋아!

10
10
10마리 묶음
상자 2개…
2를
앞에다 써.
스윽
10
10
3
그리고 3마리
더 있으니까….

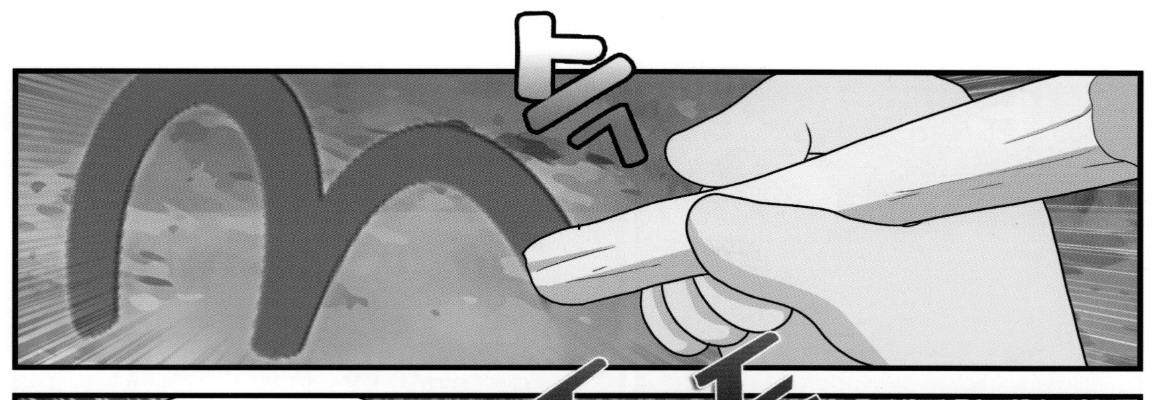

두둥

23

정답이에요.

와아~, 정답이다!

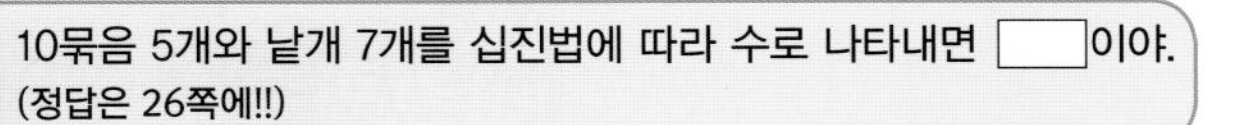

10묶음 5개와 낱개 7개를 십진법에 따라 수로 나타내면 [ ]이야.
(정답은 26쪽에!!)

정답 57 (5는 십의 자리, 7은 일의 자리에 써야 합니다)

4화

여러 가지 수세기

주제어 ▶ 수 읽기

*일리 : 어떤 면에서 그런대로 옳다고 생각하는 것.

*만만하게 : 부담스럽거나 무서울 것이 없어 쉽게 다루거나 대함.

*쉰 : 음식이 상해서 맛이 시게 변한 상태.

그럼 60은?
'예순'이요.
예~ 예~
잘못했어요,
바우 님.
사삭
진작
그럴 것이지.
70은?
'일흔'이요.
달팽이 사냥을
했더니 배고프네.
아직 점심 때는 아니지만
이른 점심 먹을까?

80은?
'여든'이요.
여드름 났다,
이마에….
헉, 진짜?

진짜네….

확 짜 버려!
콰악

90은?
'아흔'이요.
쭈욱
아흐,
아파~!

… 잠시 설명 좀
멈출게요.
흠..

바우 아프로디테 님!
아루루 아폴론 님!!
10부터 90까지
순우리말로
어떻게 읽는지
말해 보세욧!!
버럭~

음, 일단 10은 열이고…
그 다음은…
스물스물 가려워서
설설 기다가 만만하게 보면
쉰 냄새가 나니까
예예 하면서
이른 점심을 먹으려는데
여드름이 아파서
아흐! 소리가
나더라는 거지.

아루루 아폴론 님이
해 보세요.
어흠~.

열, 스물, 서른,
마흔, 쉰, 예순,
일흔, 여든, 아흔!
잘하셨어요.
우와아~

얄미운 놈!

사냥 끝났으면
돌아가자.
모두 몇 마리
잡았지?

초록 달팽이 15마리,
빨간 달팽이 23마리.

초록 달팽이가 많을까요, 빨간 달팽이가 많을까요?

그건 내가 안다!

처억

15와 23에서 5가 3보다 크니까…

당연히 15가 크지! 으하하하하— 정답이다!

뜨허헉

5화

홀수냐, 짝수냐?

주제어 ▶ 홀수, 짝수, 낱개

*낱개 : 여럿 가운데 따로따로인 한 개 한 개.

친절한 슈미쌤

짝수와 홀수

짝수는 둘씩 묶었을 때 낱개가 없는 수이며,
홀수는 둘씩 묶었을 때 낱개가 1이 되는 수예요.

*당황 : 놀라거나 다급해서 어찌할 바를 모르는 상태.

묶음은 짝수일까요,
홀수일까요?
묶음은 10이니까…
10
10

짝수!
그렇죠?
그러니까 묶음은
신경 쓸 필요 없는 거예요.
짝이 지어지는 짝수니까…
날개의 수만 보면
된다는 거죠.
날개의 수는 7이니까…
홀수!
맞았어요.

27은 홀수예요.
홀수 짝수를 가릴 때는
묶음의 수는 제쳐 놓고
날개의 수만 보면 돼요.
엥?

이번엔
파란 달팽이다!

엄청나게 많아!!

잡아랏!

6화

99보다 1 큰 수는?

주제어 ▶ 100(백)

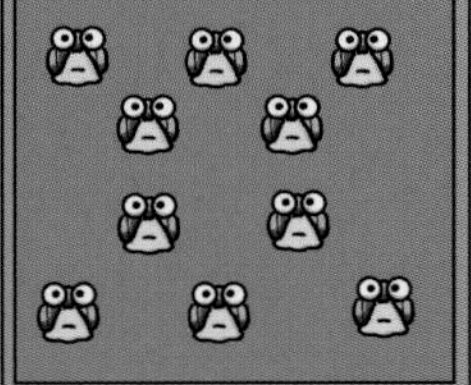
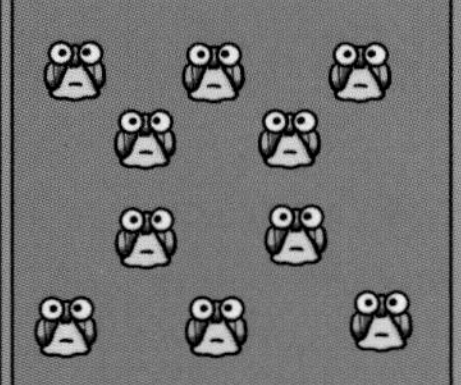
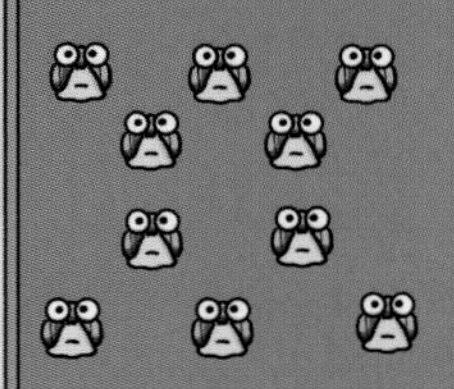
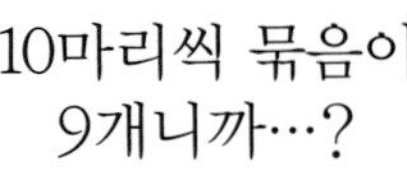

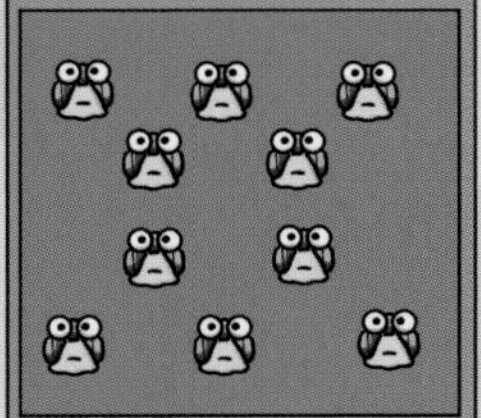
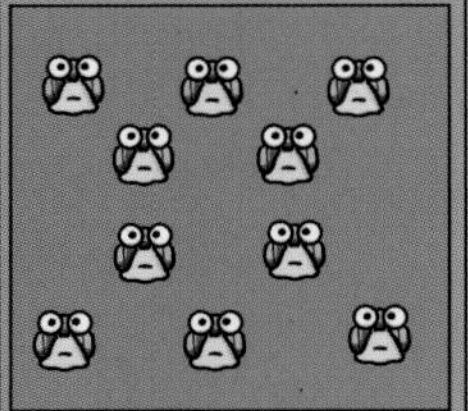

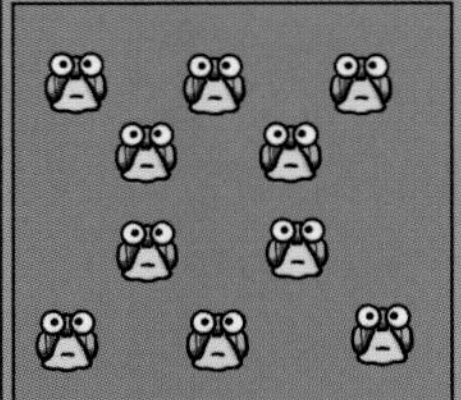
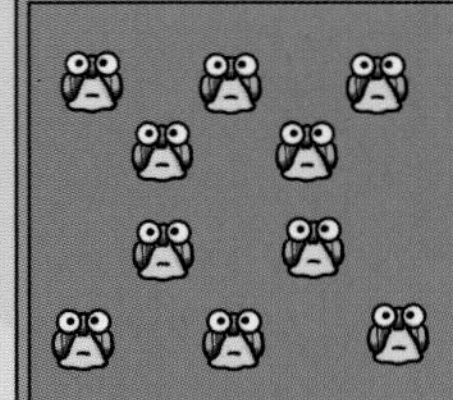

슥
슥
9를 쓰고…

이 안에 9마리
있으니까….

스윽

한번
읽어 보세요.
구십 구.

순우리말로
읽어 보시겠어요?
아흔 아홉.

우와~, 잘하셨어요.

잠깐!
응?

이리하여 묶음이 10개.

99마리에
1마리가
더해졌어요.

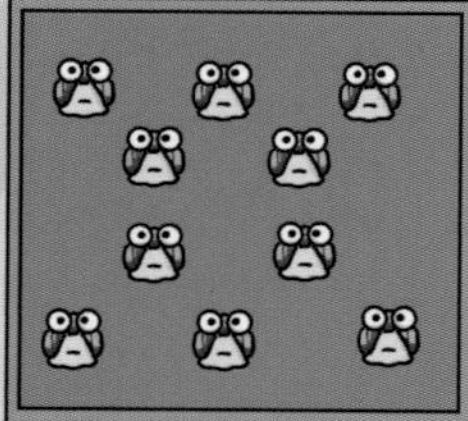

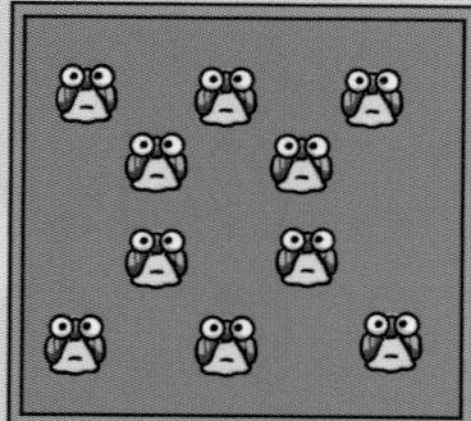

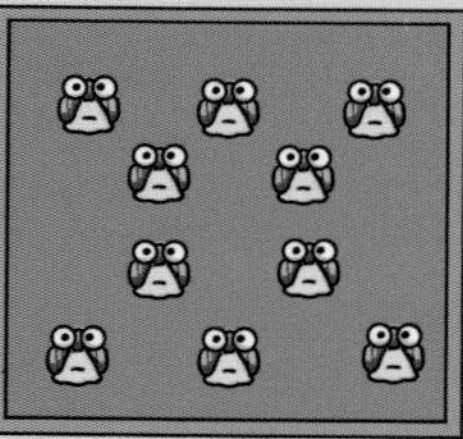

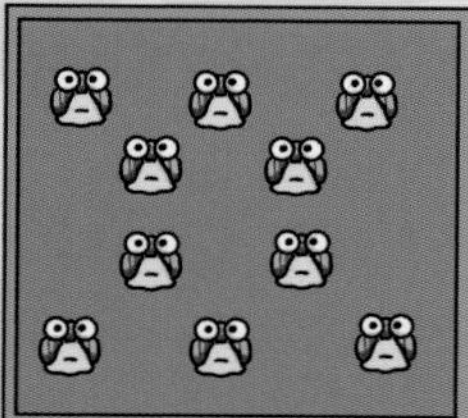

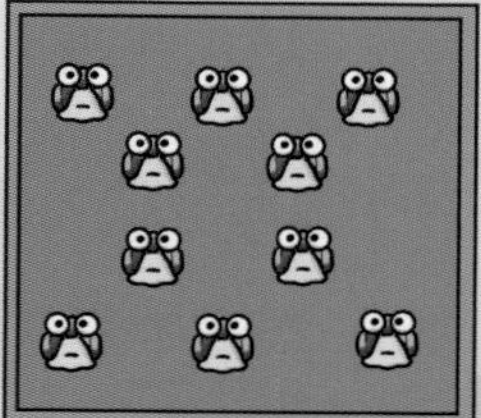

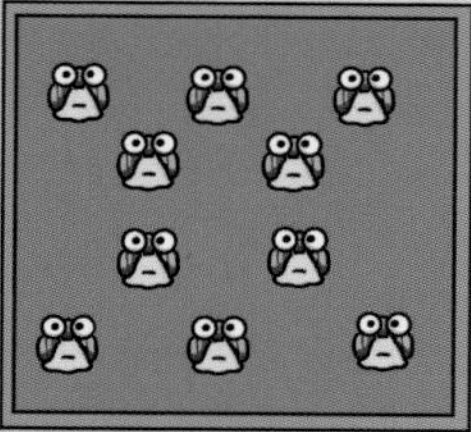

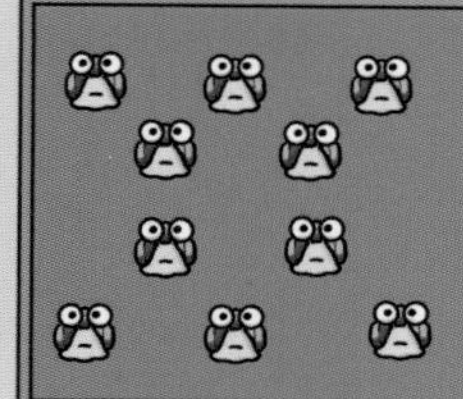

*낱마리 : 따로따로인 한 마리 한 마리.

잘하셨어요,
훌륭해요!

100

와아아—!!

31, 32, 33, 35, 43 중에서 홀수는 3개이다?
(정답은 44쪽에!!)

빨리 하면 금방이야.
여르르르르르르~~!

백!
멋진 이름이다~!

난
여르르르르르르~가
더 멋지다고 봐.
내, 내 생각도
그래.

펀펀 OX퀴즈 4

정답 X
(31, 33, 35, 43은 홀수입니다.)

7화

혀 내밀어 낼름~

주제어 ▶ 부등호

어느 색깔
달팽이 수가
제일 적죠?
초록 달팽이 수가
15마리로 제일 적어.

15
스윽

그
다음은요?

빨간 달팽이가
23마리로 초록 달팽이
수보다 조금 더 많아.

15 23
슥
슥

15 < 23
스윽

그 혓바닥 같은 건 뭐야?
<

작은 수 < 큰 수
부등호라는 거예요. 두 수의 크기를 비교하여 나타낼 때 사용하는 기호죠.

큰 수가 혀를 내밀어 작은 수를 날름 삼킨단 말이지?
그럴 듯하다!

파란 달팽이가 100마리로 가장 많으니까…

이렇게 되겠네.
15 < 23 < 100

척
무슨 사냥을 그렇게 엉터리로 하느냐?
데몬슬레이어 포세이돈!

여기 한 마리 더 있다.

초록 달팽이 수가 한 마리 늘었네.
15마리에 1마리를 더하면…?
16마리. 맞지?

15
+

이렇게 수를 위에서 아래로 써 내려가는 계산법을 **세로 셈**이라고 해요.

내 생각엔….

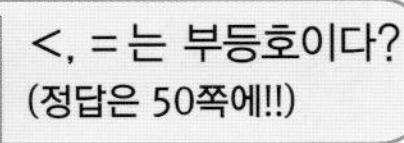
<, =는 부등호이다?
(정답은 50쪽에!!)

음…
바우가 생각이라는 걸 하다니…!

이렇게 써야 할 것 같아.
15
+ 1

이유는 묻지 마.
맞았어요. 어떻게 그런 생각을…!
묻지 말자. 어차피 아무 생각 없이 그냥 그랬을 터….

자리를 맞춰야 하기 때문에 그렇지 않을까?
15
+ 1

15에서 1은 10씩 묶음이고 5는 낱개의 수잖아. 그러니까 낱개의 수 1을 더하려면 5 밑에 써야지.
맞아요, 훌륭해요.

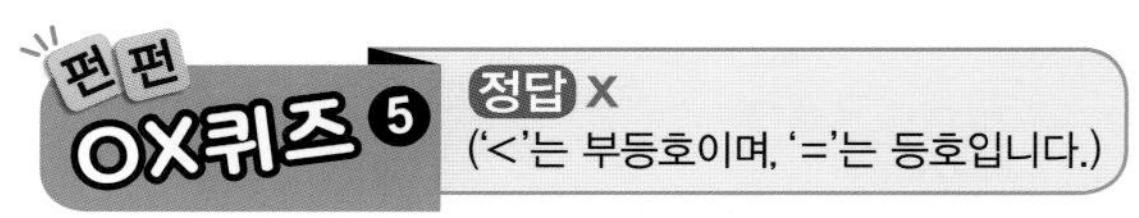

펀펀 OX퀴즈 5
정답 X
('<'는 부등호이며, '='는 등호입니다.)

8화

더하고 빼 보자

주제어 ▶ 세로 셈

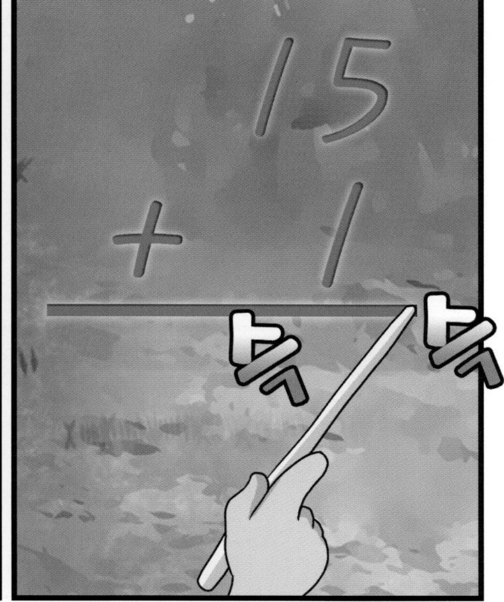

초록 달팽이와
빨간 달팽이의 수를 합하면
모두 몇 마리일까요?

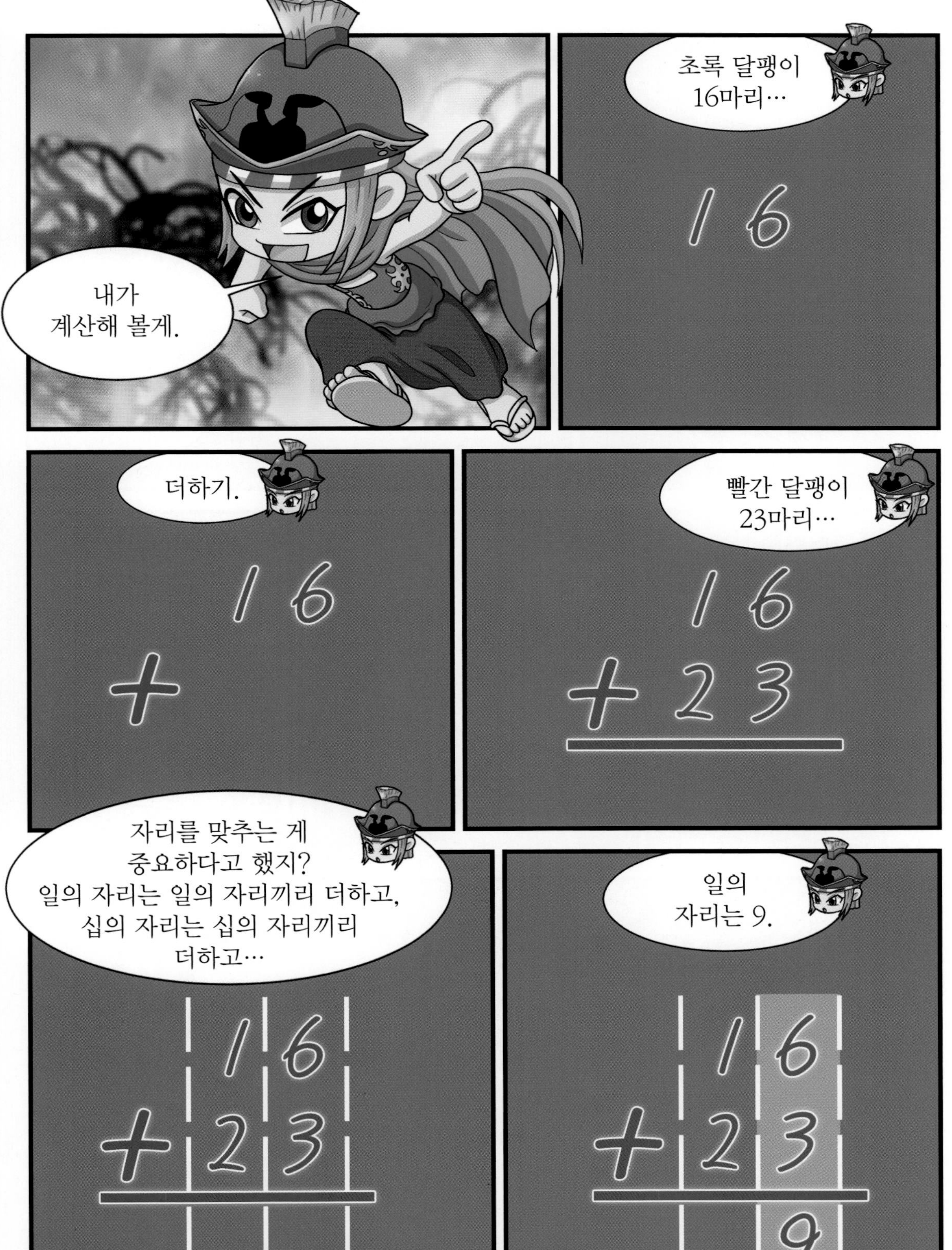
내가
계산해 볼게.
초록 달팽이
16마리…
16
더하기.
16
+
빨간 달팽이
23마리…
16
+23
자리를 맞추는 게
중요하다고 했지?
일의 자리는 일의 자리끼리 더하고,
십의 자리는 십의 자리끼리
더하고…
16
+23
일의
자리는 9.
16
+23
9

십의 자리는 3.
16
+23
39

정답은 39,
서른 아홉 마리야.
16
+23
39
맞아요,
잘하셨어요.

슬금
슬금

엥?
슬금

빨간 달팽이가
도망간다!

잡아!
우당탕

사사삭
사삭

사삭

달팽이가
느린 줄 알았더니,
도망칠 땐
엄청 빠르네?
그만
포기하자.

그럼,
빨간 달팽이가
몇 마리 남았는지
계산해 볼까요?

내가 해 볼게.

까불지 마라,
뒤늦게 끼어든 주제에
뭘 안다고…!

모르는 소리!
이 몸은 어릴 때부터
해녀이신 할머니를 따라
물질을 하며
매일 수를 셌지.

아가야,
오늘 잡은 전복은
몇 마리냐?

과연 데몬슬레이어는 할 수 있을까?
계산은
내 전문이라고!

9화

데몬슬레이어는 해녀… 아니, 해남!

주제어 ▶ 가로 셈

23-□3

가로 셈에서도
주의할 것은
역시 자리야.

내가
3 옆에 텅 빈 □를
쓴 이유가 뭔지 알아?

3은 일의 자리이며,
십의 자리는 비어 있다는 것을
강조하기 위함이야.

와~,
정말 훌륭해요~!

23-□3= 0

일의 자리끼리
빼고…

23-□3=20

십의 자리는
뺄 게 없으니까
그대로…

정답은 20…
즉, 스무 마리야.
데몬슬레이어,
너 대단하다!

!
쯧쯧쯧…

너희가 계산하느라
정신없는 사이에…

파란 달팽이
10마리 묶음 하나가
통째로 탈출했단다.
정말?!

좀 전에
3마리 탈출했고,
또 10마리
탈출했으니….

모두 13마리가
사라졌어.

여기서
문제 나가요~!
달팽이 잡을
생각은 안 하고
또 문제야?

탈출 사건이 있기 전,
초록 달팽이와
파란 달팽이가
모두 몇 마리였죠?
39마리!

그런데 13마리가
탈출했어요.
내 말
무시해?

그럼 몇 마리
남았을까요?
어라? 내 말은
신경도 안 써?

이번엔 내가
계산해 볼게.

39
－13
스윽

일의 자리끼리
빼고…
39
－13
6

십의 자리끼리
빼고…
39
－13
26

정답은 26…
즉, 스물 여섯
마리야.
파앗

와아~,
주카도 대단하다!!
그래, 다 도망가고
얼마 안 남아서 좋~~겠다.
훗,
이 정도쯤이야~.

사냥하랴, 수학 배우랴 고생 많으셨어요.
흥, 말로만? 슈미쌤 그렇게 안 봤는데….
바, 바우야, 슈미쌤한테 왜 그래?

그래서 상으로 간식을 준비했답니다~!

야호~! 슈미 선생님, 존경해요!

황당

당황

10화 먹는 것도 수학이다!

주제어 ▶ 한 자리 수인 세 수의 덧셈과 뺄셈

*약탈 : 남의 것을 억지로 빼앗는 것.

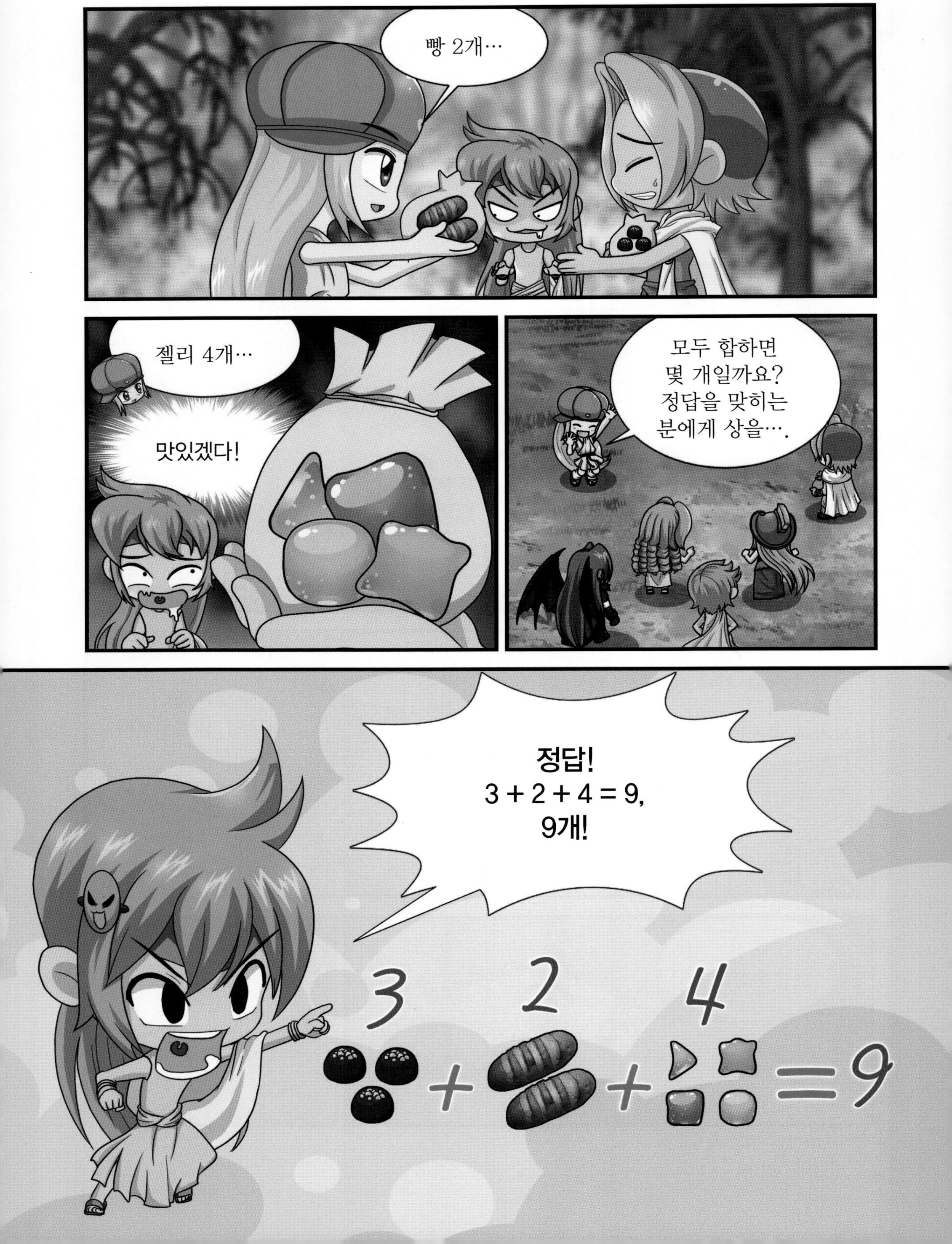

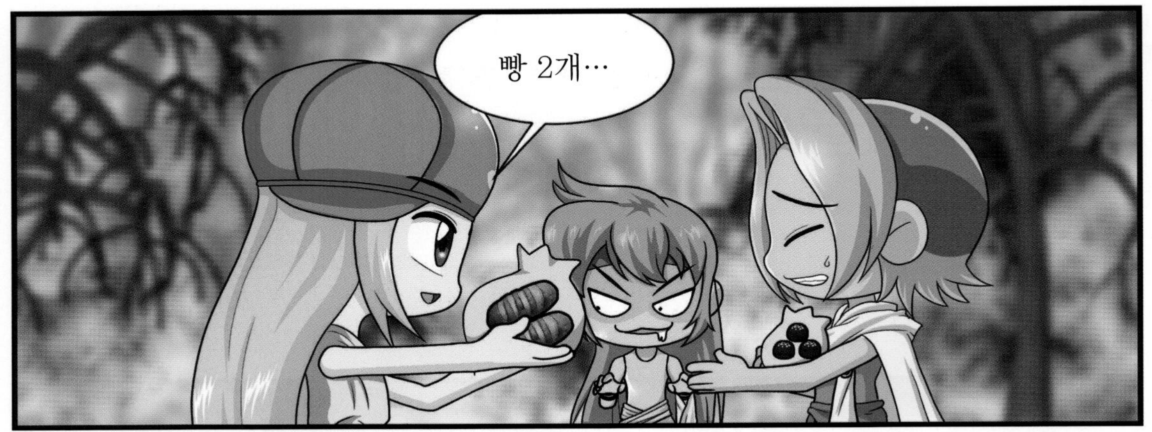
빵 2개…

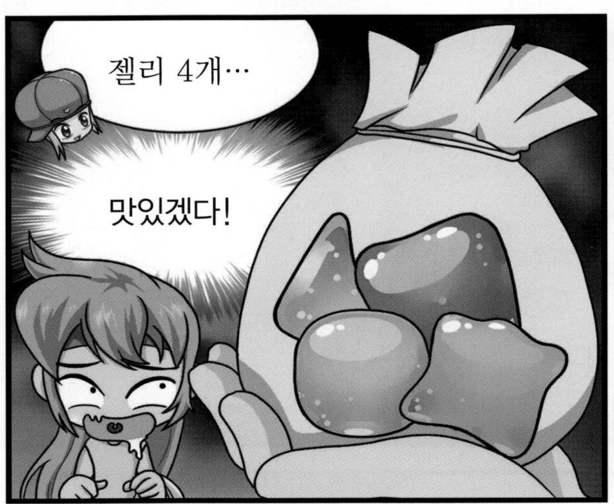
젤리 4개…
맛있겠다!

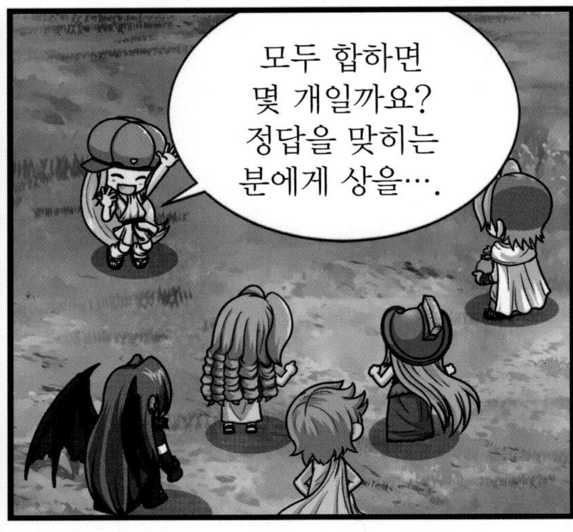
모두 합하면
몇 개일까요?
정답을 맞히는
분에게 상을….

정답!
3 + 2 + 4 = 9,
9개!

3 2 4

+ + = 9

세 수의 덧셈을
빛의 속도로 맞히다니!
콰광

정답이에요.
약속대로 상을 드릴게요.
제가 준비한…
응! 얼른 줘.

진심에서
우러나온 박수예요,
호호호—

간식이 아니라
박수?

박수 고마워.

*본상 : 상으로 주는 것 중 기본이 되는 상.
*부상 : 본상에 딸린 상금이나 상품.

이제부터 소시지를
나누겠어요. 우선
바우 아프로디테 님을 뺀
여섯 분에게
각각 한 개씩 6개의
소시지를 드릴 거예요.
야호~!

나는 왜 빼?

우선 한 분씩
이렇게 나눠 드리고…
맛있는 소시지~.
와우~!

그리고
저도 배고프니까
2개를 먹을 거예요.

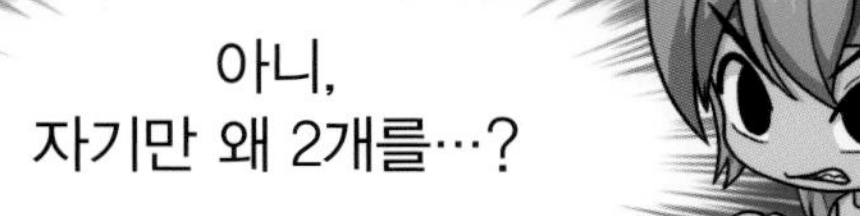
아니,
자기만 왜 2개를…?

그럼 몇 개가 남을까요?
정답을 맞히는 분에게
상으로….
사삭

꺼억~

굳이 부상을 줄 거면
선생님의 따뜻한 *격려…
뭐 이런 게 좋지 않을까?

스멀~

윽, 냄새….

스멀~

스멀~

*격려 : 용기와 의욕이 솟아나도록 북돋워 줌.

11화 바우의 생각은 늘 새로워!

주제어 ▶ 여러 가지 모양

어릴 적
친구가 생각나는군.
별명이
'아네모네'였지…?
아네모네의
꽃처럼
예뻤나 봐.

그건 아니고….
아, 네모네?
네모네!

재, 재미있는
생각이네요.

세모와
비슷한 물건은요?

트라이앵글!
삼각김밥!

사마귀
얼굴!
둥
으허헉!

동그라미와
비슷한 물건은요?
축구공!
동전!

여기에도
있지롱~.

내
콧물 방울!

펀펀
괄호퀴즈 6

직육면체, 원기둥, 구와 같은 모양을 (   ) 도형이라고 해.
(정답은 72쪽에!!)

정답 입체 (직육면체, 원기둥, 구는 모두 입체 도형입니다.)

그, 그랬군요…
계속 수업하죠.

그럼 세모에는
뾰족한 부분이
몇 개 있을까요?
3개!

뭐가 3개야?
사마귀에겐 뾰족한 입이
있다는 걸 잊었냐?

동그라미는요?

뾰족한 부분이
없어.
왜 없어?

*변덕이
죽 끓듯 하는
성격이군.

씩

씩

씩

그럴 줄 알았어.

*변덕이 죽 끓듯 하다. : 말이나 행동을 몹시 이랬다저랬다 하다.

12화

검은 달팽이의 습격

주제어 ▶ 10 가르기와 모으기

*발휘 : 재능, 능력 따위를 떨치어 나타냄.

여기가
검은 달팽이가
있는 숲이야.

사납다고 하니
조심해.
찾았다!

검은 달팽이!!

뭐야, 귀여운
녀석들이잖아.

슬금
슬금
슬금

푸하악~!

헉! 저게 뭐야?!

크오오오오
도망가—!
후다닥!!

우우우웅

파아앗

펑

크크크크크

올림포스 신들이
달팽이 따위에게
이렇게 밀려도
되는 거냐?

하지만…
솔직히 무섭더라.
너무 컸잖아….
헉~
허억~
헉~

무서워하실 것 없어요.
걔들은 10마리가 모였을
때만 강하잖아요?

맞아,
10마리가 모이는 것만
막으면 돼.

달팽이가
좋아하는 먹이를
준비해서 다시
오도록 하죠.

10은 1, 3, (　　　)으로 가를 수 있어.
(정답은 80쪽에!!)

파아아아

지금이얏!

모조리 잡아!!

펀펀 괄호퀴즈 7

정답 6 (가르기는 빼기와 같습니다.
10에서 1과 3을 빼면 남는 수는 6입니다.)

13화

그물총을 발명하다!

주제어 ▶ 10 가르기와 모으기

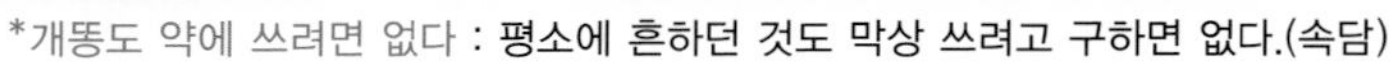

*개똥도 약에 쓰려면 없다 : 평소에 흔하던 것도 막상 쓰려고 구하면 없다.(속담)

ㅋ
ㅋ
ㅋ
ㅋ

10마리씩
모여 있어야 편한데…
아, 헷갈려.
당황하지 말고,
일단 모두 몇 마린지
덧셈으로 계산해 보세요.

7 + 3 + 5 =

몇 마리죠?
모르겠어,
헷갈려.

친절한 슈미쌤 **수학과 ( ) 괄호** 수학에서 계산을 할 때 ( ) 괄호가 있으면 그 안에 있는 식을 먼저 계산하라는 뜻이에요.

쭈화악~!
터억
10마리 잡기
성공이다~!
좋았어!
이제 우리 차례!
나머지 5마리를
잡자~!

사냥 성공~!
나머지도 다 잡았다!

저기 봐,
새로운 달팽이가
나타났어.

헉,
근, 근데…

또 나눠서 와.
이럴 땐
어떡하지?!

14화

갈라서 더하고 빼자!

주제어 ▶ 세 수의 덧셈과 뺄셈

당황하지 말고
덧셈을 해 보세요.
3+9=?

그물총을 쏘려면
10마리를
만들어야겠죠?

왼쪽의 3마리를
2마리와 1마리로 가른 다음에,
그 1마리를 오른쪽의 9마리와 모아서
10마리로 만드는 거야!

그거예요!
(2+1)+9=2+(1+9)=2+10=12.

시작해!

타닥

3마리 중 한 마리만
오른쪽으로 보내.
타다다닥
넌
저리 가.
휘이~
휘이~
휘이~
푸하약~!

13−9=
타닥
타닥

펀펀 OX퀴즈 8 8+(3+9)=20에서 3+9를 가장 먼저 계산해야 한다?
(정답은 90쪽에!!)

정답 O
(식에서 (   ) 부분을 먼저 계산합니다.)

그렇죠?
전에 공부한
세로 셈 방법으로는
잘 풀리지 않는
문제예요.
새로운 생각이
필요해요.
13
- 9
긁적 긁적

슈미쌤,
내가 할게.

나는 달팽이를 떠올리면서
계산할 거야.
달팽이 13마리는 10마리 묶음
1개와 3마리잖아.
+
3
10

즉, 이런 거지.
13-9
=(10+3)-9
타닥
타닥

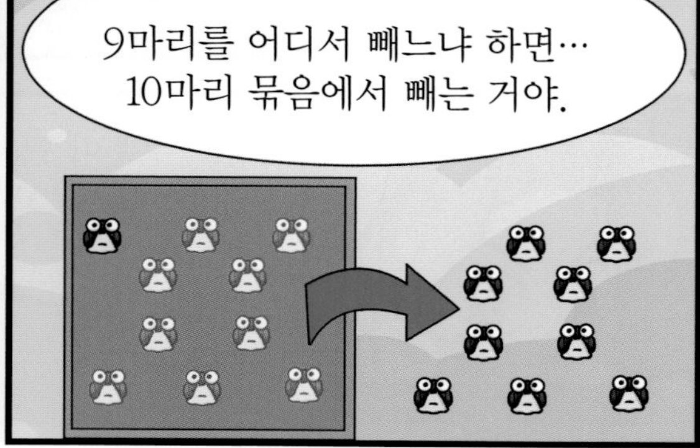
9마리를 어디서 빼느냐 하면…
10마리 묶음에서 빼는 거야.

13-9
=(10+3)-9
=(10-9)+3
=1+3=4
타닥
타닥
이렇게 말이야~!
그러니 정답은 4.

와~, 아루루
제법이다.
훌륭해요,
아루루 아폴론 님!

음, 계산을 하는데
굳이 달팽이까지 떠올릴
필요가 있을까?
엥?
뭐?

우리 정도 수준이 됐으면
이제 숫자만 보고
계산해야지!

주카 아르테미스 님의
방법이 기대되네요!

15화

시간을 달리는 바우

주제어 **세 수의 덧셈과 뺄셈**

편편 빈칸퀴즈 9

다음 중 □에 들어갈 숫자는?

21 − 8 = (21 − □) − 7 = 13 (정답은 94쪽에!!)

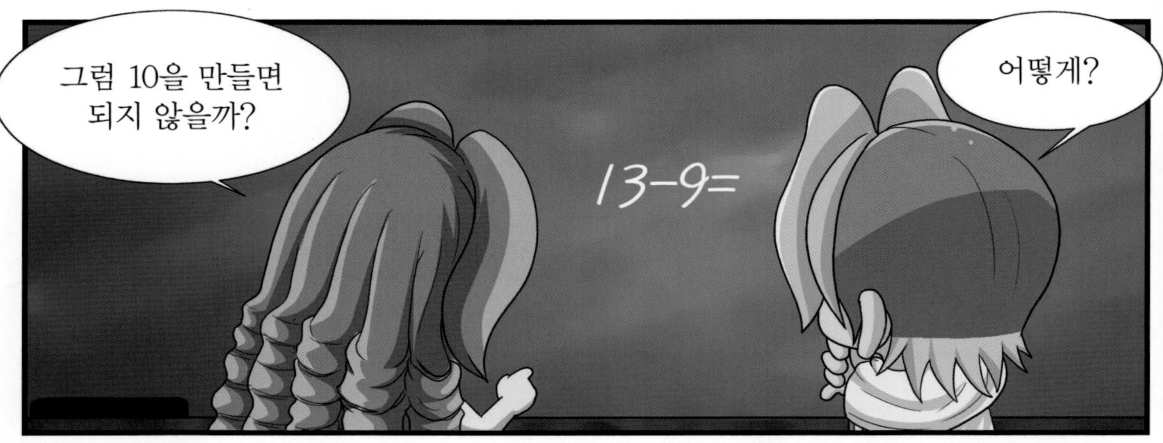

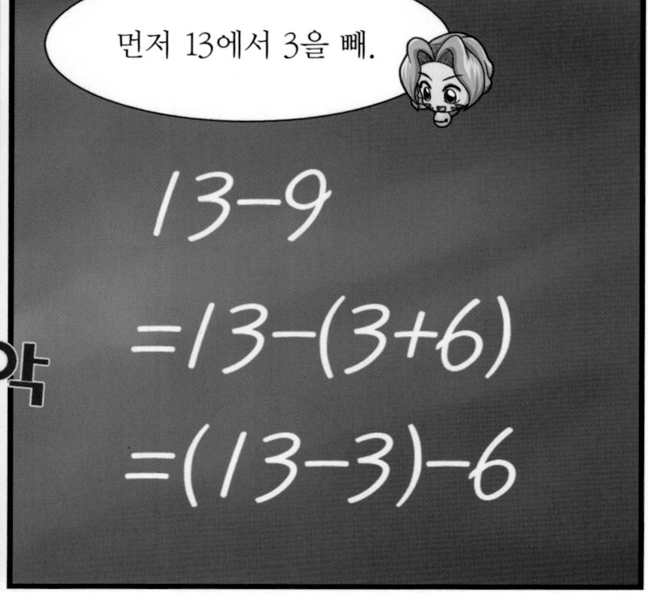

정답 1
(21－8＝21－(1＋7)＝(21－1)－7＝13이 됩니다.)

10이 남고,
여기에서 6을 빼.
13−9
=13−(3+6)
타악
=(13−3)−6
=10−6
타악

그럼 답은 4가 나오지.
13−9
척

와~, 멋져요,
주카 아르테미스 님.

굳이 이런 복잡한
과정을 거치며 계산을
할 필요 있을까?
우리 정도 수준이면….
바, 바우
아프로디테 님?

혹시
더 놀라운 계산법을
아시는 거예요?

물론이지.
내 배꼽시계의 계산에 의하면
점심때가 거의 다 된 듯….
헉….

점심은
조금 더 있어야 해요.
점심 먹기 전에
시간에 대해
공부하기로 하죠.

여러분,
시간이란
무엇일까요?

그건
내가 좀 알지.
시간은 흐르는 거야.
과거에서 현재를 거쳐
미래를 향해…
잠시도 멈추지 않고….

와아—
바우가 저런 멋있는 말을…!

그래서
시간보다 빨리
달리면…

과거나 미래로
갈 수 있지.
역시 말은
끝까지 들어야….
척

촤악
쐐애액

파앗

바우
어디 갔어?

파악

또악
촤악
몇 초 후의 미래에 다녀왔어. 간만에 뛰었더니 좀 힘들군.

바우 아프로디테 님, 수업 중에 엉뚱한 장난치지 마세요.
버럭~
슈미쌤은 이제 딸꾹질을 할 거야.

딸꾹
딸꾹
아앗?

바우의 능력은 참 신비하도다.
그것 봐~!
하하하….

16화 지금 몇 시지?

주제어 ▶ 시간, 시각

시각 시간의 어느 한 지점으로 시계에서 긴 바늘과 짧은 바늘이 가리키는 순간을 시, 분, 초로 나타낸 거예요.

시간 어떤 시각부터 어떤 시각까지의 길이로, 시간의 단위는 시, 분, 초예요.

10시 5분!

그럼 그렇지!

자,
지금 몇 시죠?
처억

뭐냐, 저 낯선 기계는…?
생전 처음 봐.
말로만 듣던 시한폭탄 아니야?
헉~ 허억~

오 마이 갓.

그렇다면 지금부터
시계 보는 법을
배우겠어요.
12
1
2
3
4
5
6
7
8
9
10
11

스마트폰으로
보면 되잖아?
뭘 배우라는 거야?

자, 진정하고
들어보세요.

투덜거리는 신들을 달래어
시계 보는 법을 가르친 슈미.

시계로 시각을 보니까
의외로 재미있네?
뭔가 어려운 일을
해냈다는
만족감이 들어.

잘하셨어요~!

펀펀
괄호퀴즈 10

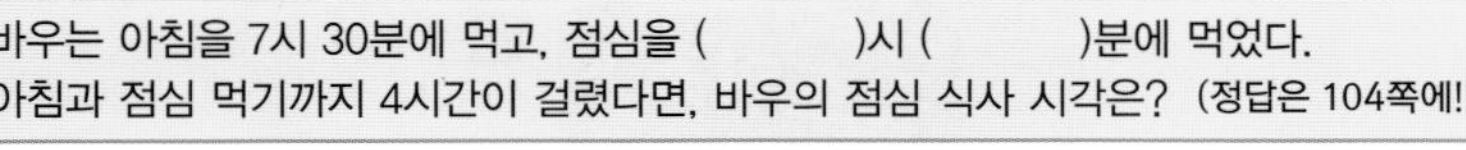
바우는 아침을 7시 30분에 먹고, 점심을 (　　　)시 (　　　)분에 먹었다.
아침과 점심 먹기까지 4시간이 걸렸다면, 바우의 점심 식사 시각은? (정답은 104쪽에!!)

정답 11시 30분 (시간은 시각과 시각 사이의 길이이므로 아침 식사 시각에서 4시간을 더하면 됩니다.)

17화

오전이냐, 오후냐?

주제어 오전, 오후

저 시계를 보면
숫자가 12칸밖에 없잖아.
24시간이면
24칸이 있어야지!

물론 24칸인
시계도 있어요.
하지만
12시간짜리 시계로도
시각을 잘 나타낼 수
있어요.

그럼 12시간짜리 시계의 경우,
작은 바늘이 두 바퀴 돌아야
하루겠네?
그렇죠.

그럼 하루에
똑같은 시각이
두 번 찾아오겠네?

맞아요.

그럼 헷갈려서 어떡해?
하루에 1시도 두 번,
2시도 두 번….
얘는 뭐가
자꾸 그럼이야?
대충 하고
밥이나 먹지….

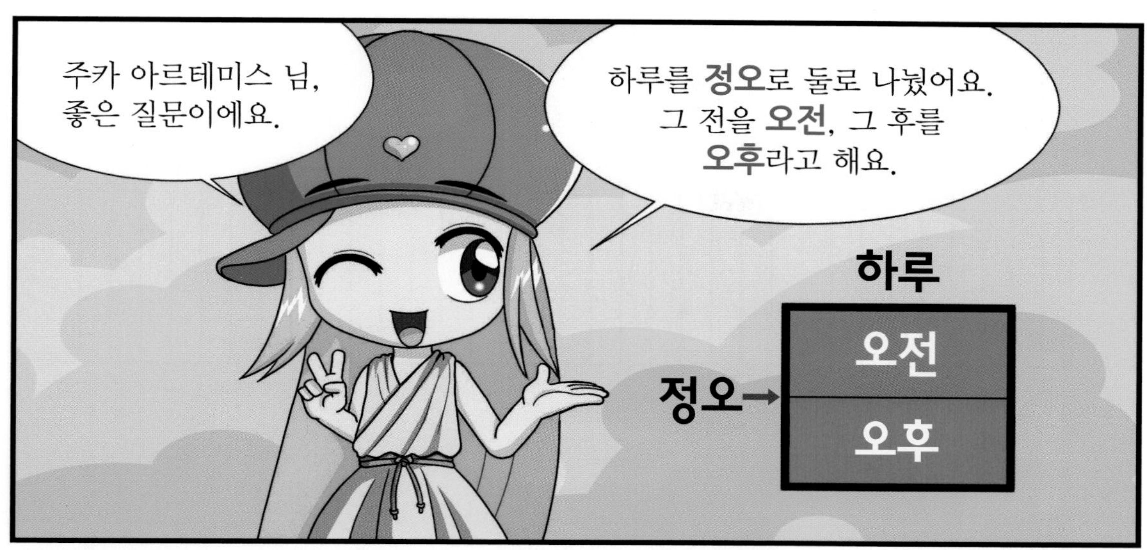

친절한 슈미쌤 **정오** 정오는 낮 열두 시로 오후 12시라고 불러요.
반대로 밤 열두 시는 자정이라고 하며, 오전 12시라고도 불러요.

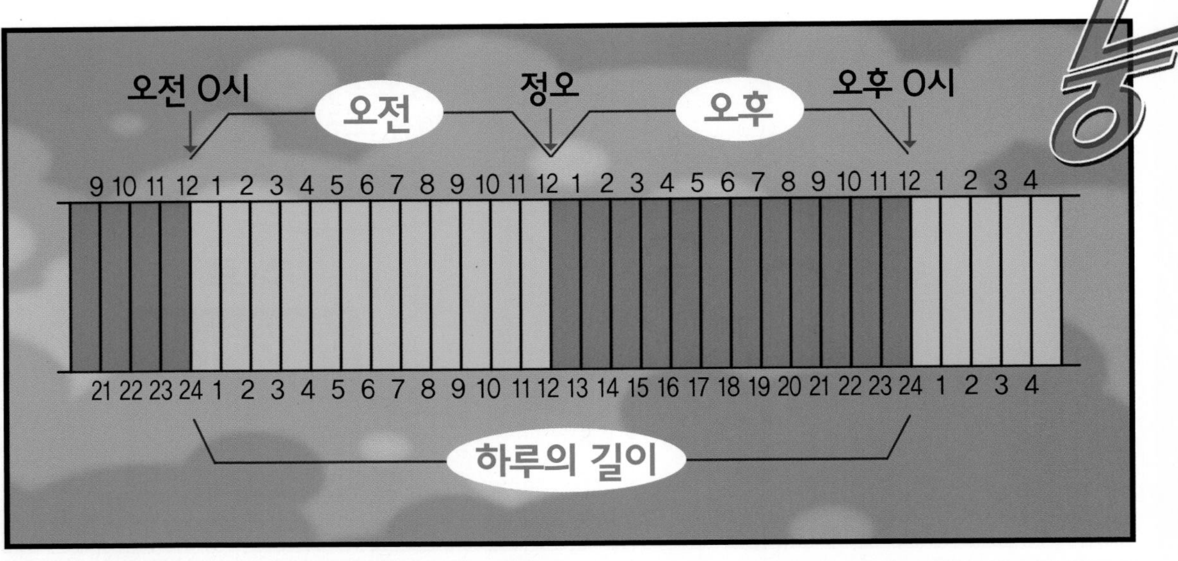

오전 0시
오전
정오
오후
오후 0시
9 10 11 12 1 2 3 4 5 6 7 8 9 10 11 12 1 2 3 4 5 6 7 8 9 10 11 12 1 2 3 4
21 22 23 24 1 2 3 4 5 6 7 8 9 10 11 12 13 14 15 16 17 18 19 20 21 22 23 24 1 2 3 4
하루의 길이

이걸 보니까
이해가 되네.

지금
오전 11시니까…
정오
우린 여기 있는 거예요.
그리고 조금씩 미래를
향해 나아가겠죠.
3 4 5 6 7 8 9 10 11 12 1 2 3 4 5 6 7 8 9
척

척

후다닥!!

파앗

바우가 또 사라졌어!
휘이이익

'시간'과 '시각'은
어떻게 다를까요?
시간 시각

그건 내가
정확히 알지.
헉헉, 잠깐!
바보 같은
소리 하지 마!
파앗

ㄴ을 ㄱ으로 잘못
썼다고 하려는 거잖아.
그게 말이 돼?
조,
족집게다!
시간 시각

바우 아프로디테 님,
손들고 서 있으세요!
으아앗!
버럭~

진정
시간 여행자는
외롭다.
끙

18화 규칙을 찾아라!

주제어 ▶ 규칙

어? 잠깐만!

*초조 : 애가 타서 마음이 조마조마함.

*대열 : 줄을 지어 늘어선 행렬.

콰

쾅

쾅

하루를 오전과 오후로 구분할 때 기준 시각은 정오이다?
(정답은 116쪽에!!)

마찬가지예요!
두 번째와 다섯 번째…
녀석들의 **규칙**인가 봐요.

좋았어~!

다 덤벼라~!

퍼억

퍼억

쾅

쾅

쾅

쾅

정답 O (하루는 정오를 기준으로
오전 12시간, 오후 12시간으로 나뉩니다.)

19화

수 배열표 함정을 돌파하다!

주제어 ▶ 수 배열표

*항복 : 상대편의 힘에 눌리어 굴복함.
*경솔 : 말이나 행동이 조심성 없이 가벼움.

자,
킹을 잡으러
가자!

1 2 3 4 5 6 7 8 9 10
11 12 13 14 15 16 17 18 19 20
21 22 23 24 25 26 27 28 29 30
31 32 33 34 35 36 37 38 39 40
41 42 43 44 45 46 47 48 49 50
51 52 53 54 55 56 57 58 59 60
61 62 63 64 65 66 67 68 69 70
71 72 73 74 75 76 77 78 79 80
81 82 83 84 85 86 87 88 89 90
91 92 93 94 95 96 97 98 99 100

한 발자국만
잘못 디뎌도
목숨을 잃을 것이다.

무섭지?
무서우면
어서 꺼져.

이게
함정인가 봐!

친절한 슈미쌤 **수 배열표 규칙**

수 배열표마다 모두 규칙이 달라요. 1~100까지 나란히 쓴 수 배열표에서의 규칙 ─ ① 가로 방향의 수는 1씩 커짐. ② 세로 방향의 수는 10씩 커짐. ③ 대각선 방향의 수는 11씩 커짐.

겁먹지 말아요.
무슨 규칙이
있을 거예요!
규칙?

규칙? 있지.
하지만 너희는
풀지 못할 거야.
힌트를 말하자면…
11이야.

11이라…?

척

도도 제우스 님!
대각선 방향으로 가세요!
그게 정답이에요.
휘익

1	2	3	4	5	6	7	8	9	10
11	12	13	14	15	16	17	18	19	20
21	22	23	24	25	26	27	28	29	30
31	32	33	34	35	36	37	38	39	40
41	42	43	44	45	46	47	48	49	50
51	52	53	54	55	56	57	58	59	60
61	62	63	64	65	66	67	68	69	70
71	72	73	74	75	76	77	78	79	80
81	82	83	84	85	86	87	88	89	90
91	92	93	94	95	96	97	98	99	100

1부터 대각선 방향으로
가로질러 가는 것이
함정의 규칙이었으니….

와~,
이겼어!
가만 보면 악당한테
규칙이 있긴 있어.
꼭 자기한테 불리한 정보를
잘난 체 하고 떠들다가
망한단 말이야…?

20화

자리가 다르면 자릿값이 다르다!

주제어 ▶ 세 자리 수

오백 오십 오!

똑같은 수 5가
나란히 있지만 크기는 달라요.
어떻게 다를까요?

5 5 5

첫 번째 5는
백의 자리 수로 500.
두 번째 5는
십의 자리 수로 50.
세 번째 5는
일의 자리 수로 5.

아주 잘하셨어요.
세 자리 수 중에 가장
작은 수는 뭘까요?
5 5 5

수 배열표는 수를 일정한 (　　　　)에 따라 나열한 표를 말해.
(정답은 126쪽에!!)

그럼 이 두 수는요?

497 436

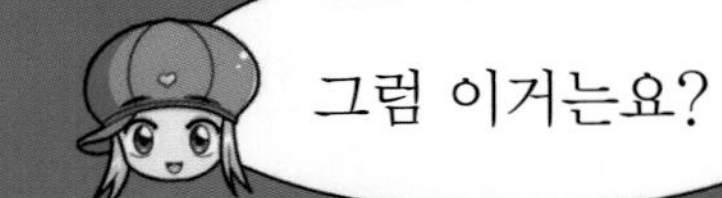

497 496

정답 규칙 (수 배열표는 가로, 세로, 대각선 방향으로 일정한 규칙을 지니고 있습니다.)

497이 커.
백의 자리와 십의 자리는 같지만
일의 자리가 더 크니까!

아주
잘하셨어요.

동전이 담긴
두 쟁반이 있어요.

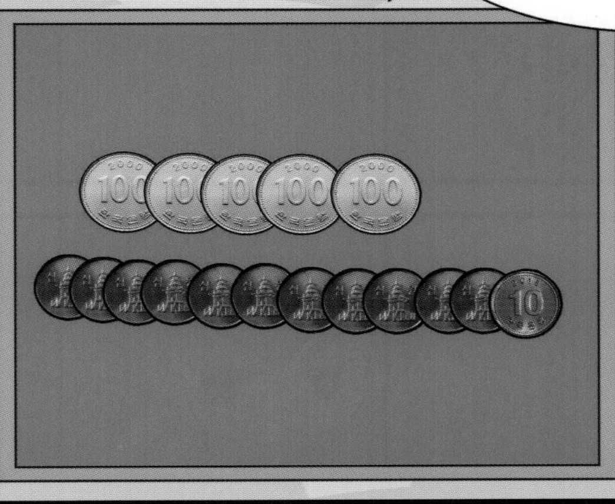

어느 쟁반에
더 많은 돈이
담겨 있을까요?

정답!
파란 쟁반.

100원 동전이
더 많으니까!
음핫핫핫—!

미안하지만
땡이에요.
왜?!

빨간 쟁반의 10원
동전을 세어 보세요.
12개야, 120원!

그러니까 빨간 쟁반은
620원, 파란 쟁반은 610원…
빨간 쟁반에 담긴 돈이
더 많네!

겉모습만 얼핏 보고
말하면 안 된답니다.

으으으….

과거로 가서
정답을 맞힐 테다!
바우야,
또 어디 가?
우리는
밥 먹으러 간다~!
후다닥!!

21화 변과 꼭짓점

주제어 ▶ 도형

도형 도형은 점, 선, 면으로 이루어진 여러 가지 모양으로 직육면체와 같은 입체 도형, 사각형(네모)과 같은 평면 도형이 있지요.

선분 선분은 두 점을 곧게 이은 선으로, 삼각형은 3개의 선분, 사각형은 4개의 선분으로 둘러싸인 도형이에요.

그리고
이렇게 변이 3개,
꼭짓점이 3개인 도형을
삼각형이라고 해요.

이 도형의 이름은
무엇일까요?

변이 4개, 꼭짓점이
4개니까…?
사각형!

그럼 이 도형은
뭐라고 부를까요?

타… 사각형?

변과 꼭짓점이
5개니까 오각형!

맞아요. 우리 주변에
오각형 모양의
물건이 뭐가 있죠?

음…
축구공 무늬?

네, 맞아요.
그럼 이 도형의 이름은요?
변과 꼭짓점이 6개니까
육각형!

주변에 육각형 모양의
물건을 한번 찾아보세요.

벌집!

웅~
웅~
웅~
웅~
웅~
웅~
우아앙~
우당탕

22화

던져 올려!

주제어 ▶ 받아올림

일의 자리끼리
더하고…
십의 자리는
더할 게 없으니까 그대로…
15
+ 4
타닥
타닥

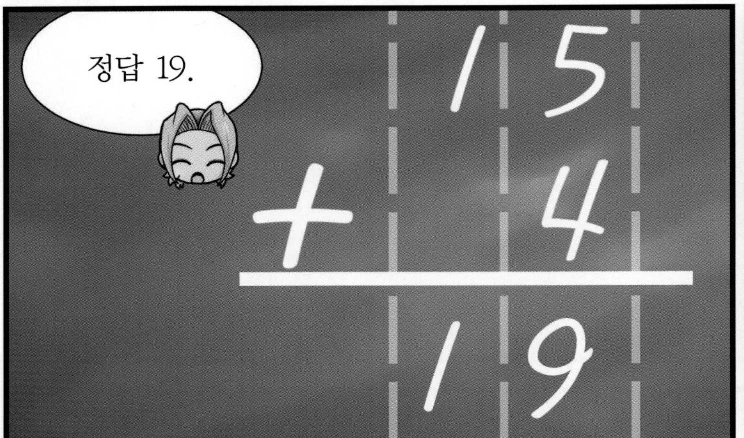
정답 19.
15
+ 4
19

우와아~
짝
짝
짝
짝

그럼 이것도
풀어 보실래요?
에이~,
별거 아니라니까
그러네~.
15
+ 7

도형을 둘러싸는 선분은 꼭짓점이다?
(정답은 138쪽에!!)

정답 X (도형을 둘러싸는 선분은 변, 도형의 뾰족한 부분은 꼭짓점입니다.)

이것이
정답이에요.

$$\begin{array}{r} \overset{1}{1}5 \\ +\ 7 \\ \hline 22 \end{array}$$

받아올림 일의 자리가 10이 되면 십의 자리로 1 올려서 십의 자릿값이 1 커지게 하는 거예요.

타닥
31
−13
타닥

이번에는
아루루 아폴론 님,
나와서 풀어
보실래요?

먼저 일의
자리끼리…
31
−13

콰르릉
헉! 슈미쌤!!

이, 이것 봐.
일의 자리끼리
뺄 수가 없잖아!
왜
그러세요?

23화 빌려 다오!

주제어 ▶ 받아내림

*곤란 : 사정이 몹시 딱하고 어려움.

잠시 이 자리를 빌려
델리키 헤파이스토스에게
한마디 하겠습니다.
31
− 13

델리키,
주카가 돈 없대.
네가 좀 빌려줘.
떡볶이 사 먹게….
31
− 13

바우 아프로디테 님,
딴소리하지 말고
문제나 푸세요!
1에서 3을 뺄 수 없으니까
어떻게 할 거냐고요!
뭘 어떡해?
빌려야지.

1에서 3을 뺄 수 없잖아?
그럼 십의 자리에서
한 묶음 빌려 오는 거야.
31
−13

그럼 11이 되잖아.
11에서 3을 빼는 거지.
그럼 8…
31
−13
8

그럼 10의 자리는
어떻게 됐겠어?
원래 3이었는데…
한 묶음 빌려줬으니까
2 남았겠지?
3
2

2에서 1을
빼는 거야.
2 10
31
−13
18

정답 18.

친절한 슈미쌤 **받아내림** 뺄셈에서 일의 자리 수끼리 뺄 수 없을 때 십의 자리에서 10을 빌려 오는 거예요.

중간 계산 좀 해 주시죠.
지금까지 떡볶이와 김밥
87인분을 먹었으니까.

바우 아프로디테 님,
그만 좀 먹어욧!

꾸에엑

우걱

우걱

바우한테
뭘 사 주겠다고 나선
슈미쌤의 실수라고 본다.
*치명적인 실수지.

*치명적 : 어떤 일에 대한 성공과 실패에 중요한 영향을 주는 것.

24화 길이 재기

주제어 ▶ 단위길이, cm

뼘 엄지손가락과 가운뎃손가락을 힘껏 펴서 벌렸을 때에 두 끝 사이의 거리예요.

받아올림은 일의 자리가 10이 되면 (   )로 1을 올려서 계산하는 거야.
(정답은 150쪽에!!)

이 나무 둘레의
길이를 재려면
어떻게 해야 할까요?

정답 십의 자리 (일의 자리가 10이 되면 십의 자리로 1을 올려 십의 자릿값이 1 커지게 하는 것입니다.)

친절한 슈미쌤 **둘레와 줄자** 사물이나 도형의 가장자리나 테두리를 따라 한 바퀴 돈 길이에요. 둘레를 잴 때 띠처럼 만든 자(줄자)를 사용해요.

서로 손을 잡은 다음에
나무를 따라
빙 둘러서는 거야.

이 방법이
가장 재밌네요!

25화

분류하기 나름이야!

주제어 ▶ 분류

펀펀 OX퀴즈 15 둘레를 잴 때 주로 사용하는 자는 줄자이다?
(정답은 154쪽에!!)

정답 O (줄자는 띠처럼 만든 자로 둘레를 잴 때 사용합니다.)

당연한 걸 뭘 물어?
우리는 몬스터,
너희는 신!

당연히
싸울 수밖에 없잖아?

쿠
궁

*부먹찍먹 : 부어 먹기와 찍어 먹기를 줄인 말로, 탕수육처럼 소스가 따로 나오는 음식을 먹는 방법에 대해 선택하는 일.

일단 시키는 대로
하라니까!
왜 이렇게 말이 많아!
버럭~
뜨허헉!
당연히 부먹 아닌가?
먹기 편하잖아.
얘들이 뭘 모르네.
음식을 맛으로 먹지,
편하자고 먹냐?
부먹이 맛없다고?
소스가 골고루 스며서
얼마나 맛있는데!

수학도둑 수학 용어사전 ❸권을 기대 주세요!

내가 만드는 수학 용어 카드 2-1

수학 용어 카드

10
(십)

수학 용어 카드

가로 셈

수학 용어 카드

규칙

수학 용어 카드

낱개

수학 용어 카드

단위

수학 용어 카드

단위길이

수학 용어 카드

도형

수학 용어 카드

둘레

수학 용어 카드

묶음

수학 용어 카드

받아내림

수학 용어 카드

받아올림

수학 용어 카드

부등호

수학 용어 카드

분류

수학 용어 카드

사각형

가위로 용어 카드를 오린 후 카드를 모으세요.

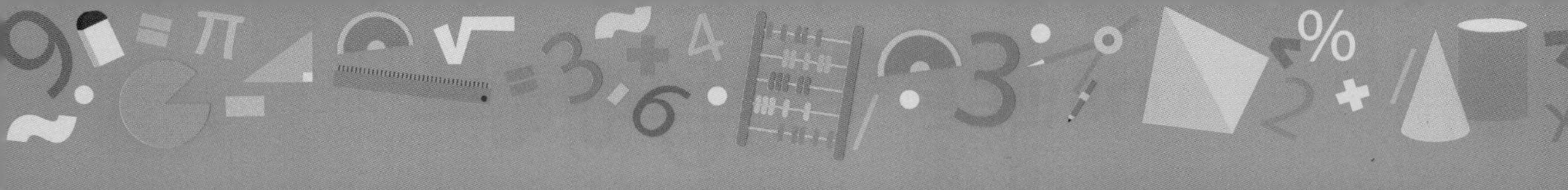

가로 셈

수를 더하거나 빼거나 곱하거나 나눌 때, 수를 가로로 배열해 놓고 하는 셈법이다.

낱개 | piece

여럿 가운데 따로따로 한 개 한 개를 뜻한다.

단위길이 | unit length

길이를 잴 때, 기준이 되는 단위로, 센티미터(cm), 미터(m), 킬로미터(km) 등의 단위로 표시한다.

둘레 | boundary, perimeter

도형의 가장자리를 한 바퀴 돈 길이이다.

받아내림 | toput of

두 자리 수의 뺄셈에서 일의 자리 수끼리 뺄 수 없을 때 십의 자리에서 10을 빌려 와서 일의 자리에 더하여 계산한다.

부등호 | inequality sign, 不等號(아닐 부, 무리 등, 이름 호)

두 수의 크기를 비교할 때 사용하는 기호(<, >)로, 3이 1보다 크면 3>1 또는 1<3으로 나타낸다.

사각형 | quadrilateral, 四角形(넉 사, 뿔 각, 모양 형)

네 개의 선분으로 둘러싸인 도형으로 4개의 변과 4개의 꼭짓점이 있다. 네모 모양과 같은 뜻이다.

10(십) | ten, 十(열 십)

9보다 1 크고, 11보다 1 작은 수로 십 또는 열이라고 읽는다.

규칙 | rule, 規則(법 규, 법칙 칙)

어떤 것과 어떤 것 사이의 관계를 알아보는 것으로, 같은 모양이나 수, 색깔 등이 일정한 순서로 반복되는 법칙이다.

단위 | unit, 單位(홑 단, 자리 위)

길이, 무게, 부피, 시간 등을 잴 때, 기초가 되는 일정한 기준이다.

도형 | figure, 圖形(그림 도, 모양 형)

그림의 모양이나 형태로, 점, 선, 면 등으로 이루어진 삼각형, 사각형, 원 등을 말한다.

묶음 | group

수량을 나타내는 말 뒤에 쓰이는 것으로 묶어 놓은 덩이를 세는 단위이다.

받아올림 | carrying

두 자리 수의 덧셈에서 일의 자리 수끼리의 합이 10 또는 10보다 큰 수가 나오면 10을 십의 자리로 올려 더한다.

분류 | classification, 分類(나눌 분, 무리 류)

사물이나 사람 등 대상을 기준에 따라 가르는 것이다.

내가 만드는 수학 용어 카드 2-2

수학 용어 카드	수학 용어 카드
삼각형	선분
세로 셈	센티미터(cm)
수 배열표	시각
시간	십진법
오전	오후
원	자릿값
짝수	홀수

가위로 용어 카드를 오린 후 카드를 모으세요.

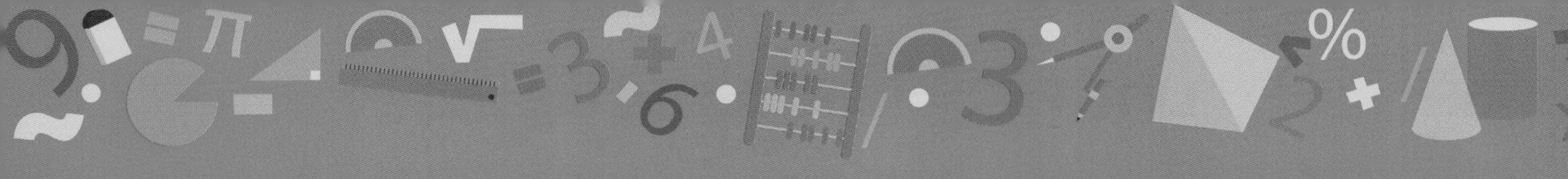

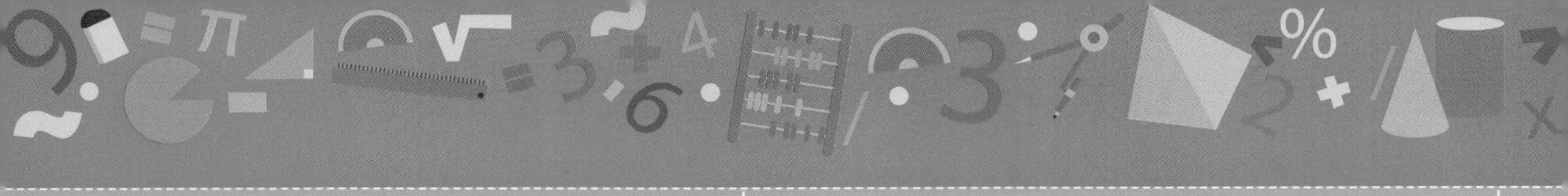

선분 | segment, 線分(줄 선, 나눌 분)

두 점을 곧게 이은 선으로, 시작점과 끝점이 있으므로 길이를 잴 수 있다.

삼각형 | triangle, 三角形(석 삼, 뿔 각, 모양 형)

세 개의 선분으로 둘러싸인 도형으로 3개의 변과 3개의 꼭짓점이 있다. 세모 모양과 같은 뜻이다.

센티미터(cm) | centimeter

길이를 재는 미터법의 한 단위로, 자에 있는 큰 눈금 하나가 1센티미터이다.

세로 셈

세로로 되어 있는 식으로, 자릿수를 맞추어 식을 쓰고 계산해야 한다.

시각 | time, 時刻(때 시, 새길 각)

시간의 어느 한 지점으로, 어떤 일이 일어난 때이다.

수 배열표

수를 규칙에 따라 배열한 표로, 가로, 세로, 대각선 방향으로 일정한 규칙을 갖는다.

십진법 | decimal system, 十進法(열 십, 나아갈 진, 법 법)

0부터 9까지 10개의 숫자를 사용해서 수를 나타내는 방법이다. 한 자리씩 올라갈 때마다 자릿값이 10배씩 커진다.

시간 | time, hour, 時間(때 시, 사이 간)

어떤 시각에서 어떤 시각까지의 사이이다.

오후 | p.m.(post meridiem), 午後(낮 오, 뒤 후)

하루 24시간 중에서 낮 열두 시부터 밤 열두 시까지의 시간이다.

오전 | a.m.(ante meridiem), 午前(낮 오, 앞 전)

하루 24시간 중에서 밤 열두 시부터 낮 열두 시까지의 시간이다.

자릿값 | place value

숫자가 위치한 자리에 따라 값이 달라지는 것이다. 같은 숫자라 하더라도 자리에 따라 나타내는 수는 달라진다.

원 | circle, 圓(둥글 원)

동전, 바퀴와 같이 동그란 모양의 도형으로, 달걀, 럭비공처럼 납작한 모양을 띠면 타원이라 한다.

홀수 | odd number

짝을 지을 수 없어서 홀로 있는 수로, 2로 나누었을 때 나누어떨어지지 않고 1이 남는 수이다.

짝수 | even number

둘씩 짝을 지을 수 있는 수로, 2로 나누어떨어지는 수이다.

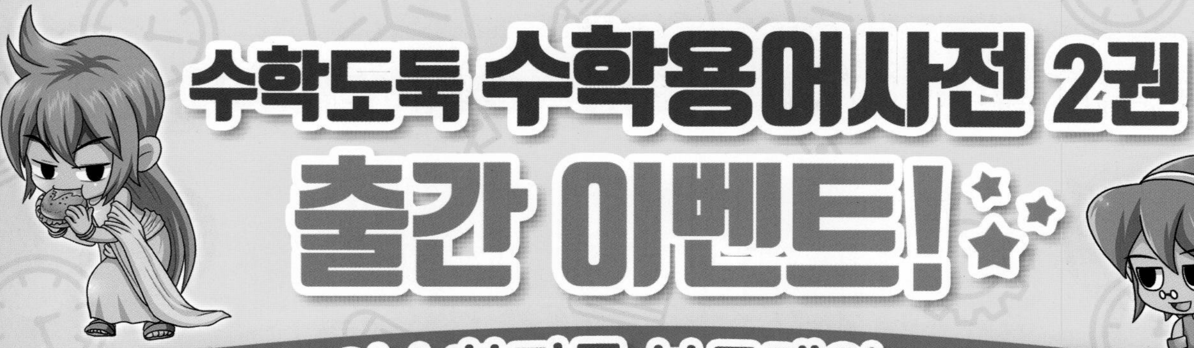

놀이수학퍼즐 보드게임 증정!

게임으로 재미있게 익히는 수학

사칙연산 기초 튼튼! 실력 쑥쑥!!

20명 추첨

수학을 게임으로 배운다고?

슈미쌤한테 알려 주자!

이게 말이 돼?

〈수학도둑 수학용어사전 2권〉 출간 이벤트에 응모해 주시면
총 20분을 추첨해 〈놀이수학퍼즐 보드게임〉을 선물로 드립니다.

선물을 받으려면 애독자엽서를 보내세요!

★ 응모 방법 : 책 마지막에 있는 애독자엽서를 꼼꼼히 작성하여 편집부로 보내 주시면 추첨하여 선물을 보내드립니다. 받으실 주소는 볼펜으로 정확하게 써 주세요.

★ 응모 기간 : 2019년 10월 23일 ~ 2019년 12월 17일(12월 17일 편집부 도착분까지 응모 가능)

★ 당첨자 발표 : 2019년 12월 24일(오후 6시)
네이버 서울문화사 어린이책 공식카페(http://cafe.naver.com/ismgadong)
※ 당첨자에게 개별 연락을 드리지 않습니다.

★ 선물 발송 : 2020년 1월 3일까지 수령(사정상 2~3일 정도 수령이 늦어질 수 있습니다.)
※ 선물은 사정에 따라 예고 없이 변경될 수 있으며, 랜덤 발송되는 점 양해 부탁드립니다.